♫ Sing Sing ♪

노래와 함께 배우는

엄마표
또또 한글

Sing Sing **노래와 함께 배우는**

엄마표 또또 한글

초판　1쇄　발행일　2022년　11월　21일
초판　3쇄　발행일　2023년　12월　11일

지은이　　　권선홍
펴낸이　　　유성권

편집장　　　양선우
기획　　　　정지현　　　　　책임편집　윤경선　　　편집　김효선 조아윤
홍보　　　　윤소담 박채원　　　디자인　　박정실
마케팅　　　김선우 강성 최성환 박혜민 심예찬 김현지
제작　　　　장재균　　　　　물류　　　김성훈 강동훈

펴낸곳　　　㈜이퍼블릭
출판등록　　1970년 7월 28일, 제1-170호
주소　　　　서울시 양천구 목동서로 211 범문빌딩 (07995)
대표전화　　02-2653-5131 | 팩스 02-2653-2455
메일　　　　loginbook@epublic.co.kr
포스트　　　post.naver.com/epubliclogin
홈페이지　　www.loginbook.com
인스타그램　@book_login

로그인은 ㈜이퍼블릭의 어학·자녀교육·실용 브랜드입니다.

Sing Sing Sing

노래와 함께 배우는

엄마표
또또 한글

권선홍 지음

1권
자음·모음편

로그인

서문

　5년 전에 한글을 깨우치지 못한 1학년 학생 두 명을 가르친 적이 있습니다. 아직 학교생활에 적응은커녕 책상에 앉는 것조차 어려워하는 아이들이었습니다. 방과 후에 이루어진 활동인 만큼 신체활동과 게임을 통해 한글을 지도했습니다. 바닥에 한글 카드를 깔아놓고 징검다리 게임을 비롯해 뒤집기, 터치하기 등의 게임을 한 뒤 간단한 쓰기 활동을 이어갔습니다.

　네 번 정도 이렇게 수업을 진행했는데, 생각지 못한 일이 발생했습니다. 게임은 즐거워하던 아이들이 쓰기 활동은 대충하거나 심지어 하지 않고 집에 가려고 했습니다. 한글 읽기 능력 또한 향상되는 모습이 보이지 않았습니다. 교사커뮤니티에 올라온 자료와 교육부 한글 지도자료 등을 살펴보니 반복해서 따라 쓰게 하라고 되어 있었습니다. 예쁘고 귀여운 캐릭터 그림이 알록달록 가득해도 결국엔 반복해서 쓰게 하는 방식이었고, 아이들 역시 그 학습지를 보자마자 단번에 알아차렸습니다. 그래도 한글을 깨우쳐야 했기에 어르고 달래며 학습 프로그램을 마무리 지었습니다. 이 기간을 힘들게 보낸 뒤 어디서부터 잘못됐는지를 계속 곱씹었습니다.

　이후 유치원에 다니던 첫째 아이의 초등학교 입학을 앞두고 아내는 저에게 한글 학습지를 신청하자고 했습니다. 아내가 휴직을 하고 집에서 아이에게 많은 책을 읽어주고 있었고, 저 역시 시간이 날 때마다 한글 플래시카드를 이용해 아이와 게임을 즐겼었기에 아이가 자연스럽게 한글을 깨우칠 것이라 기대했습니다. 평소 즐겨 부르던 교육방송의 '한글

이 야호' 노래를 부른 뒤 벽에 붙은 한글 포스터의 글자를 가리켰습니다. 아이는 세상 해맑은 표정만 지을 뿐 제가 가리킨 글자를 전혀 읽어내지 못했습니다. 손가락으로 짚으며 한 번 더 읽고 노래를 떠올리며 읽어보자고 했지만 아이는 이미 부담을 느꼈는지 하지 않으려고 했습니다.

이런 일이 몇 번 반복되면서 저는 기대를 접었고, 아내 말대로 아이에게 학습지를 시켰습니다. 그런데 참 재미있게도 같은 시기 저는 첫째 아이에게 직접 영어 파닉스를 가르치고 있었고, 첫째는 영어 파닉스 단어의 이중 모음까지 읽을 수 있는 수준이었습니다. 다른 나라 말도 가르치는데 왜 한글은 이렇게 가르치기 힘든 것일까 하는 고민과 의문이 계속해서 들었습니다. 고민 끝에 기존 한글 교재의 개선이 필요하다는 결론에 이르렀습니다. 반복적인 쓰기 활동만 할 것이 아니라 영어 교재처럼 다양한 활동을 통해 익히게 하면 좋겠다는 생각이 들었습니다.

둘째 아이가 자라서 한글을 익힐 시기가 되었습니다. 첫아이 때 부족했던 부분을 경험 삼아 둘째에게는 한글을 제대로 가르치겠다는 다짐으로 시중에 나온 한글 교재를 조사했습니다. 인터넷 서점 평점과 블로그 리뷰 등을 참고해 다양한 책을 구입했습니다. 하지만 여전히 반복 쓰기가 중심이었습니다. 둘째 아이 역시 이미 저와 파닉스를 공부하여 간단한 영어 단어 정도는 읽을 수 있는 수준이었지만 역시나 한글 학습은 어려워했습니다. 두 아이를 보며 퍼뜩 떠오르는 생각이 있었습니다. '한글 교재를 영어 파닉스 교재처럼 만들면 되지 않을까?' 여기에 생각이 미친 저는 바로 실행에 들어갔습니다.

교육부에서 내려 보낸 두꺼운 한글 교재를 분석, 어휘를 선정하여 영어 파닉스 교재처럼 내용을 편집했습니다. 반복하여 쓰는 활동보다는 오리고 붙이기, 어울리는 어휘 선택하기, 틀린 글자 찾기, 표에서 글자 찾기 등 다양한 활동을 넣어 아이가 목표로 하는 단어를 반복적으로 접하도록 했습니다. 쓰기 활동의 경우 단계적으로 1회, 3회, 4회 정도로만 넣었습니다. 그리고 핵심 어휘만 적게 하여 학습 부담은 줄이되 효과는 높였습니다. 매시간 학습에 대한 흥미를 높이기 위해 미로 찾기 활동도 삽입했습니다.

그렇게 저희 아이를 대상으로 한 달간의 한글 프로젝트를 마쳤습니다. 결과는 어떻게 되었을까요? 아쉽게도 저희 아이는 기대한 만큼 한글을 술술 읽는 수준에는 이르지 못했습니다. 하지만 학습 이후 주변의 문자를 자음과 모음의 조합으로 인식하기 시작했고, 길거리에 있는 상가 간판을 보고 무심결에 읽는 정도가 되었습니다. 여기에 엄마의 칭찬까지 더해지니 주변의 글자를 보이는 대로 읽는 일이 많아졌습니다. 이즈음 구입해 놓고 어려워서 시작조차 하지 못했던 한글 교재를 펴주었더니 아이는 쓰기 활동에 재미를 붙인 듯 해나갔습니다.

이후에도 한글을 익히지 못하고 학교에 입학한 아이들과 함께 방과 후 공부를 이어갔습니다. 다행히 아이들은 제가 만든 교재로 공부하는 걸 크게 어려워하지 않고 잘 따라와 주었습니다. 한두 번이긴 하지만 집에 가지고 가서 한 번 더 공부하고 싶다는 말을 들었을 때는 하늘을 나는 듯 기뻤습니다. 아이의 한글 교육을 두고 고민하는 선생님과 학부모, 그리고 지인들에게 제가 만든 자료를 공유했습니다. 그렇게 공부한 자료를 정리하여 이 책《엄마표 또또 한글》을 펴내게 되었습니다.

한글은 우리의 모국어라서 사용하기 쉽게 보이지만 자녀에게 문자로 학습시키기에는 상당한 기초훈련과 체계적인 지도 과정이 필요한 언어입니다. 시간이 지나면 아이가 자연스럽게 한글을 익힐 것이라 생각하시겠지만 그렇지 않은 경우도 많습니다. 흔한 경우는 아니지만 한글을 읽지 못한 채 중학교에 진학하는 아이도 있습니다. 학교에 입학하여 글자를 읽게 된 아이들의 경우 한글을 익히는 과정에서 어려움을 겪습니다. 이미 한글을 읽을 수 있는 아이와의 보이지 않는 문해력 차이도 생깁니다. 한글을 모르고 입학하더라도 학교 교육과정에서 자연스럽게 익히게 하던 시대가 있었습니다. 하지만 현재는 대부분의 아이들이 한글을 익히고 입학하기 때문에 학교에서 한글을 읽지 못하는 아이를 배려할 수 있는 시스템을 운영하기가 어렵습니다.

'호미로 막을 것을 가래로 막는다'는 속담이 있습니다. 한글을 떼지 못하고 학교에 입학하면 학교에서 진행하는 다양한 교육과정에서 부진이 누적될 수밖에 없습니다. 처음에는 그 차이가 크지 않지만 시간이 지날수록 차이가 커질 것이고, 결국 문자 학습을 넘어 학습 부진까지 지도해야 하는 상황에 이릅니다. 그런 만큼 한글 문자 학습은 초등학교 입학 전에 이루어지는 것이 좋습니다.

마냥 장난감과 색칠하기를 좋아하는 우리 아이에게 한글을 지도해야 하는 상황에 있는 부모님들께《엄마표 또또 한글》을 추천합니다. 아이들이 좋아하는 '스티커 붙이기'를 시작으로 '그림 연결하기, 숨은 단어 찾기, 미로 찾기' 등의 다양한 활동을 통해 문자를 시각적으로 인식할 수 있게 구성했습니다. 한글 파닉스 노래를 함께 실어 청각적으로도 익히게 하였습니다. 활동 중간에 쓰기 활동을 단계적으로 삽입하여 읽기와 쓰기 능력도 학습할 수 있게 했습니다. 한글 문자 학습은 부모님의 관심과 좋은 학습 자료만 있다면 가정에서 충분히 지도 가능합니다. 이 책《엄마표 또또 한글》을 통해 한글 문자를 모르는 아이들이 자음 모음의 원리를 이해하고 한글을 읽고 쓸 수 있게 되기를 기대합니다.

2022년 가을
권 선 홍

차 례

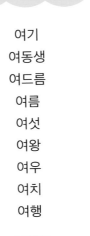

요요 마을

요가
요괴
요구르트
요리
요술
요요
요일
요정
요트

49

우우 마을

우동
우리
우물
우박
우비
우산
우유
우주선
우표

55

유유 마을

유도
유령
유리
유모차
유산균
유성
유연
유인원
유치원

61

으으 마을

으깨다
으뜸
으라차차
으르렁
으스스
으슬으슬
으악
으앙
으하하

67

이이 마을

이
이끼
이름
이마
이모
이불
이사
이십
이야기

73

또또의
한글 파닉스 노래 1

작·편곡 **김의영**

그 느 드 르 므 브 스　　으 즈 츠 크 트 프 흐

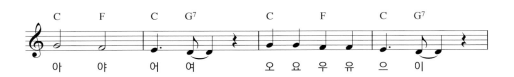

아 야 어 여　　오 요 우 유 으 이

기역 니은 디귿　리을 미음 비읍　시옷 이응 지읏 치읓　키읔 티읕 피읖 히 읗!

그 그 그 기 역　느 느 느 니 은　드 드 드 디 귿　르 르 르 리 을

므 므 므 미 음　브 브 브 비 읍　스 스 스 시 옷　으 으 으 이 응

즈 즈 즈 지 읒　츠 츠 츠 치 읓　크 크 키 읔 트　트 티 읕 프 프 피 읖 흐　흐 히 읗!

한글 문자를 잘 학습하려면 자음과 모음의 소리와 이름을 알아야 합니다. 'ㄱ'의 이름은 '기역'이고 대표소리는 '그'입니다. 'ㄱ, ㄴ, ㄷ, ㄹ …' 14개 자음의 소리와 이름, 'ㅏ, ㅑ, ㅓ, ㅕ …' 10개 모음의 소리를 익히는 데는 노래가 효과적입니다. 한글 학습의 기초가 되는 자음·모음의 소리와 이름을 노래로 즐겁게 익혀 보세요.

활용 Tip!

* 한글 교재를 시작하기 일주일 전부터
  노래를 들으며 한글 소리에 익숙해지기

  * 아이가 놀 때 한글 노래 틀어 주기

* 한글 공부를 하기 전 한글 노래를 잠시 틀어 놓기

* 챕터별로 활동을 하기 전 한글 노래 부르기

* 반주에 맞춰 노래하기

1단원 모음 익히기

1

'아, 아, 아빠'
스티커 붙여볼까?
'아빠, 아, 아'

배우게 될 핵심
어휘를 반복해서
말해 주세요.

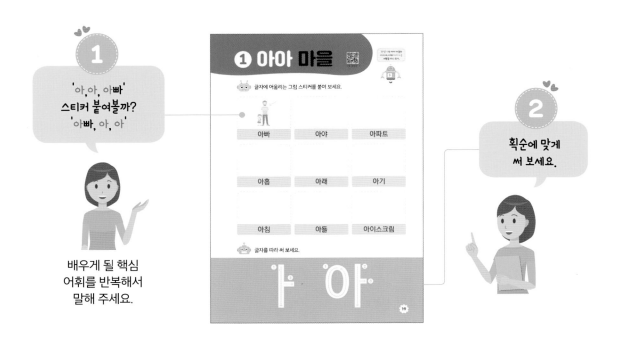

2

획순에 맞게
써 보세요.

3

우와! 글자 잘 읽네.
정말 대단해!

아이가 그림을 보고
추측하여 글자를 읽더라도
칭찬해 주세요.

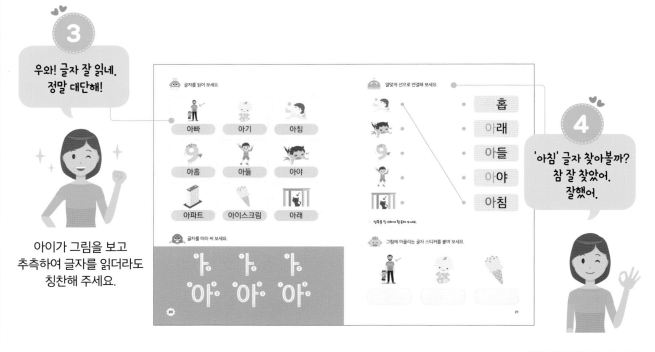

4

'아침' 글자 찾아볼까?
참 잘 찾았어.
잘했어.

왼쪽 페이지를 참고하며
문제를 해결할 수 있도록
안내해 주세요.

5

'아' 글자가 6개 더 있어.
찾아 볼래?
맞아, 잘 찾았어.

부모님의 격려와 감탄사는
아이가 공부하는 데
큰 활력소가 됩니다.

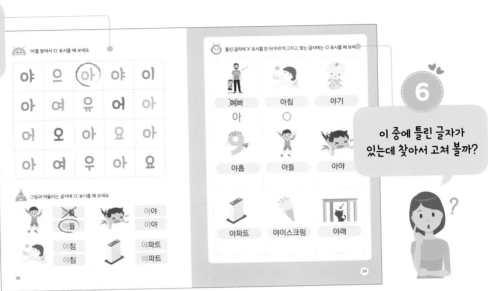

6

이 중에 틀린 글자가
있는데 찾아서 고쳐 볼까?

글씨를 획순에 맞게
쓰도록 지도해 주세요.

7

드디어 미로 찾기다.
또또가 미로를 통과해서
친구를 만나도록 해 볼까?

미로 활동을 아이가
어려워할 경우 부모님이
연필로 가이드 선을
살짝 그려 주세요.

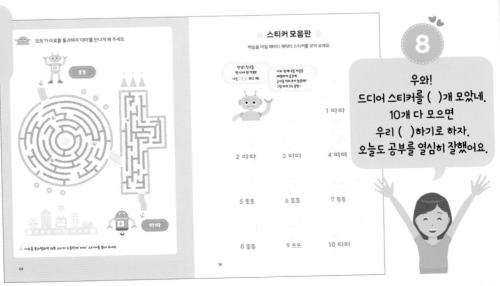

8

우와!
드디어 스티커를 ( )개 모았네.
10개 다 모으면
우리 ( )하기로 하자.
오늘도 공부를 열심히 잘했어요.

학습 활동에 대한 보상을 약속하며
아이가 학습에 대한 동기를
가질 수 있도록 해 보세요

1

'그, 그, 가방'
스티커 붙여볼까?
'가방, 그, 그'

단어와 자음 소리를
반복적으로
말해 주세요.

2

가방은 '그, 느, 드' 중에
무슨 자음으로 시작할까?
우와! 잘 찾았어.

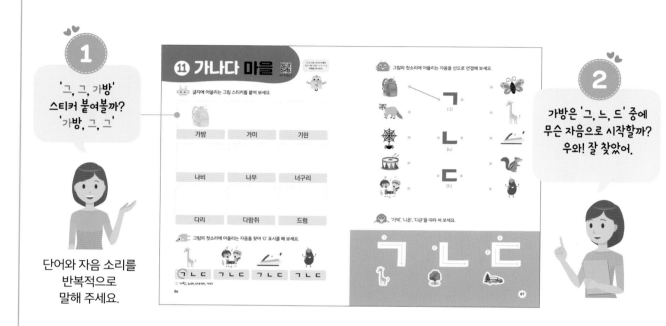

3

'가방' 글자가
어디에 있을까?
우와! 잘 찾았어.
정말 최고!

4

'느느 나무'에는
어떤 글자가 들어갈까?
그래! 잘 적었어.

쓰기 활동을 어려워하면
왼쪽 페이지를 참고할 수
있도록 안내해 주세요.

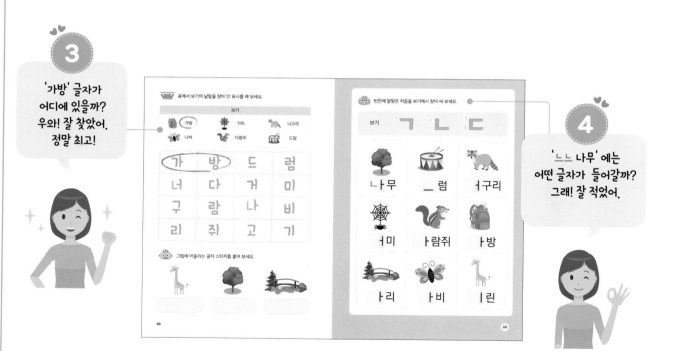

5

'그그 가방' 어느 글자가
맞는 글자일까?
맞아. 잘 찾았어.

쓰기 활동을 힘들어
하면 한 두번만 쓰고
나중에 복습하면서
다시 써 보는 것이 좋습니다.

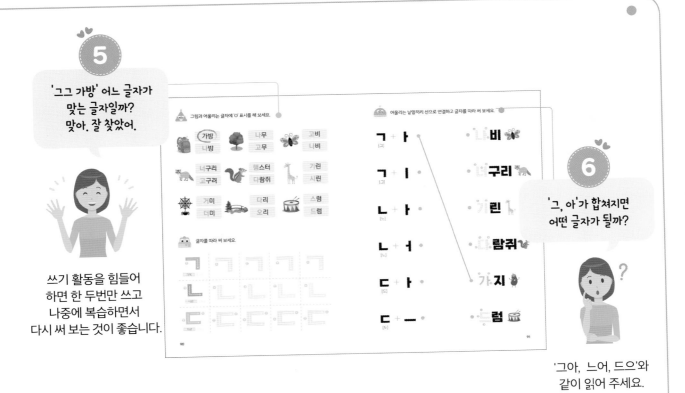

6

'그, 아'가 합쳐지면
어떤 글자가 될까?

'그아, 느어, 드으'와
같이 읽어 주세요.

7

'그, 아, 가방'이
어느 글자일까?

'그, 아, 가', '느, 어, 너' 처럼
자음과 모음이 합쳐지는
소리를 말해 주세요.

8

또또가 미로를 잘 통과하도록
도와줄래? 한 번 해 볼까?
우와! 잘한다.
'달고나' 스티커 획득!

미로 활동을 아이가 어려워할 경우
부모님이 연필로 가이드 선을
살짝 그려 주세요.

또또와 함께 '모음 마을'을
여행해 보아요!

Sing Sing

모음편

스티커 모음판

학습을 마칠 때마다 캐릭터 스티커를 모아 보세요.

안녕? 친구들.
만나서 반가워!
나는 '또또'라고 해.

나와 함께 모음 마을을
여행하며 즐겁게
글자를 익혀 보지 않을래?
그럼 이제 모두 출발~

1 따따

2 땨땨

3 떠떠

4 떠뎌

5 또또

6 뚀뚀

7 뚜뚜

8 뜌뜌

9 뜨뜨

10 띠띠

1 아아 마을

안녕! 나는 아아 마을의 따따야. 나와 아아 마을 여행을 떠나 보자.

 글자에 어울리는 그림 스티커를 붙여 보세요.

아빠	아야	아파트
아홉	아래	아기
아침	아들	아이스크림

 글자를 따라 써 보세요.

19

글자를 읽어 보세요.

아빠

아기

아침

아홉

아들

아야

아파트

아이스크림

아래

 글자를 따라 써 보세요.

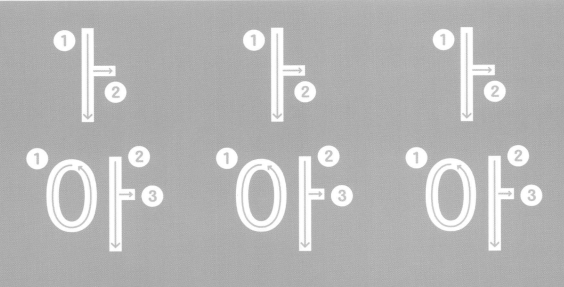

알맞게 선으로 연결해 보세요.

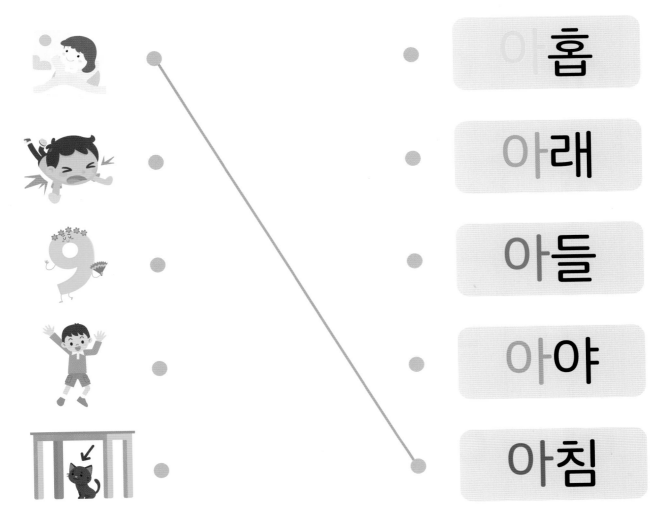

홉

아래

아들

아야

아침

옆쪽을 참고하여 활동해 보세요.

 그림에 어울리는 글자 스티커를 붙여 보세요.

'야'를 찾아서 'O' 표시를 해 보세요.

야	으	(아)	야	이
아	여	유	어	아
어	오	아	요	아
아	여	우	아	요

 그림과 어울리는 글자에 'O' 표시를 해 보세요.

아들
(아들)

아야
야야

아침
야침

야파트
아파트

22

야빠

아

아침

○

야기

야홉

아들

아야

아파트

야이스크림

야래

'또또'가 미로를 통과하여 '따따'를 만나게 해 주세요.

또또

따따

아아 마을

미로를 통과했으면 18쪽 스티커 모음판에 '따따' 스티커를 붙여 주세요.

② 야야 마을

안녕! 나는 야야 마을의 따따야. 나와 야야 마을 여행을 떠나 보자.

 글자에 어울리는 그림 스티커를 붙여 보세요.

		* 야크: 몽골에서 주로 사육되는 털이 긴 소
야호	야단	야크
야구	야옹	야채
야영	야	야자

 글자를 따라 써 보세요.

25

글자를 읽어 보세요.

야호

야

야구

야자

야채

야옹

야단

야크

야영

 글자를 따라 써 보세요.

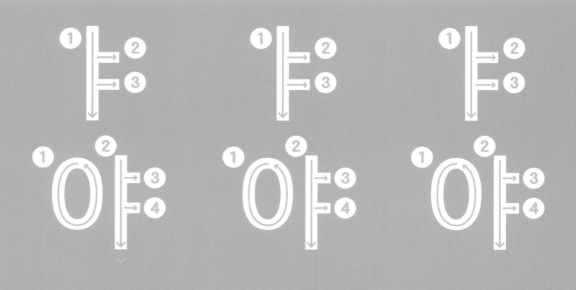

알맞게 선으로 연결해 보세요.

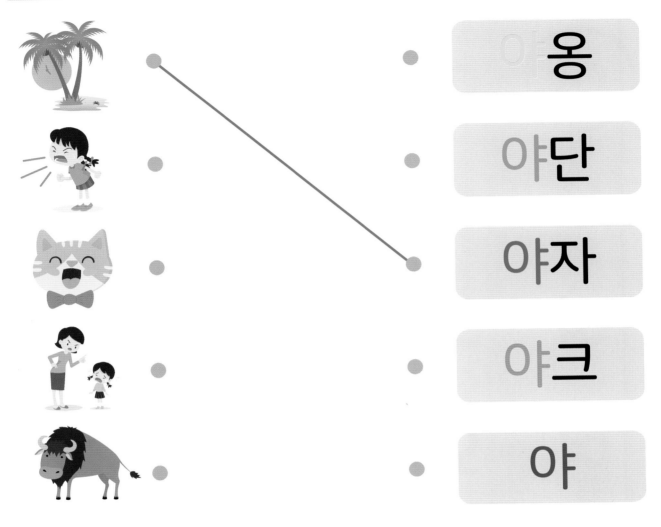

옹

야단

야자

야크

야

옆쪽을 참고하여 활동해 보세요.

 그림에 어울리는 글자 스티커를 붙여 보세요.

'야'를 찾아서 'O' 표시를 해 보세요.

야	아	야	이	야
오	어	으	야	아
여	야	요	우	야
여	오	유	야	어

 그림과 어울리는 글자에 'O' 표시를 해 보세요.

	아영
	야영

	야단
	어단

	야호
	아호

	어자
	야자

틀린 글자에 'X' 표시를 한 뒤 바르게 고치고, 맞는 글자에는 'O' 표시를 해 보세요.

야~~호~~
야

야
○

아구

야자

아채

어옹

야단

어크

야영

'또또'가 미로를 통과하여 '따따'를 만나게 해 주세요.

또또

야야 마을

따따

⚙️ 미로를 통과했으면 18쪽 스티커 모음판에 '따따' 스티커를 붙여 주세요.

30

안녕! 나는 어어 마을의 떠떠야. 나와 어어 마을 여행을 떠나 보자.

 글자에 어울리는 그림 스티커를 붙여 보세요.

어머니	어흥	어부
어질어질	어깨	어묵
어항	어린이	어른

 글자를 따라 써 보세요.

글자를 읽어 보세요.

어머니

어묵

어항

어른

어린이

어흥

어부

어깨

어질어질

 글자를 따라 써 보세요.

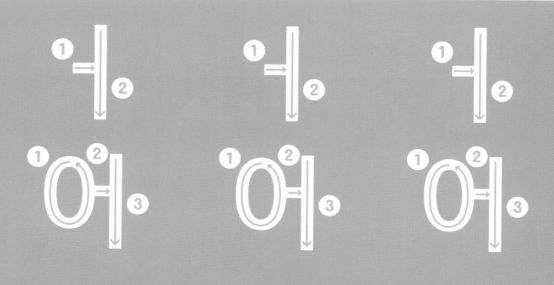

알맞게 선으로 연결해 보세요.

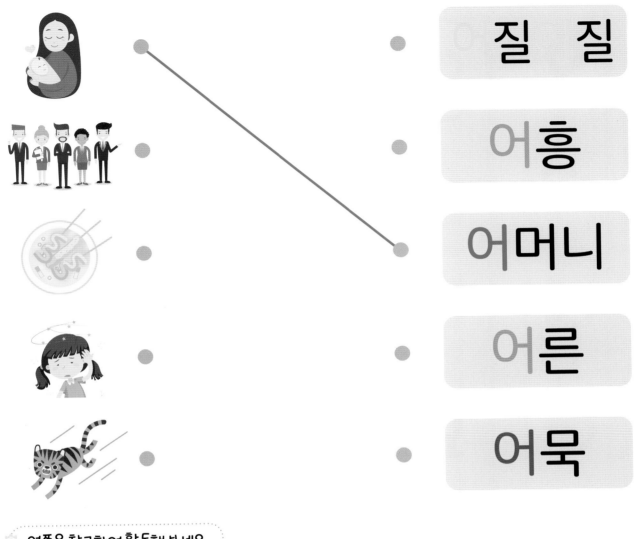

	질 질
	어흥
	어머니
	어른
	어묵

 옆쪽을 참고하여 활동해 보세요.

그림에 어울리는 글자 스티커를 붙여 보세요.

'어'를 찾아서 'O' 표시를 해 보세요.

오	(어)	여	어	야
어	요	유	으	어
여	우	어	이	아
어	요	야	아	어

 그림과 어울리는 글자에 'O' 표시를 해 보세요.

(어묵) / 아묵

여깨 / 어깨

어흥 / 야흥

어린이 / 아린이

틀린 글자에 'X' 표시를 한 뒤 바르게 고치고, 맞는 글자에는 'O' 표시를 해 보세요.

~~야~~머니

어

어묵

◯

여항

여른

어린이

어흥

야부

어깨

여질여질

'또또'가 미로를 통과하여 '떠떠'를 만나게 해 주세요.

④ 여여 마을

안녕! 나는 여여 마을의 떠떠야. 나와 여여 마을 여행을 떠나 보자.

 글자에 어울리는 그림 스티커를 붙여 보세요.

여우	여왕	여기
여드름	여름	여섯
여행	여치	여동생

* 여치: '베짱이'의 다른말. 메뚜기(초식)와 비슷하게 생긴 곤충

 글자를 따라 써 보세요.

글자를 읽어 보세요.

여우

여름

여행

여섯

여왕

여드름

여치

여동생

여기

 글자를 따라 써 보세요.

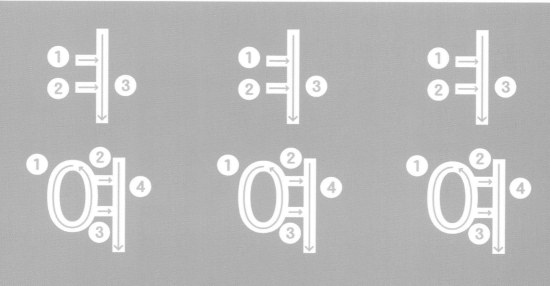

알맞게 선으로 연결해 보세요.

여섯

여기

여름

여행

여왕

옆쪽을 참고하여 활동해 보세요.

 그림에 어울리는 글자 스티커를 붙여 보세요.

'여'를 찾아서 'O' 표시를 해 보세요.

어	여	으	여	아
오	유	여	아	어
여	야	오	이	여
요	여	우	여	야

 그림과 어울리는 글자에 'O' 표시를 해 보세요.

아름

여름

여섯

야섯

여동생

어동생

오치

여치

어우

여름

어행

여섯

오왕

어드름

여치

여동생

오기

'또또'가 미로를 통과하여 '떠떠'를 만나게 해 주세요.

또또

떠떠

여여 마을

미로를 통과했으면 18쪽 스티커 모음판에 '떠떠' 스티커를 붙여 주세요.

안녕! 나는 오오 마을의 또또야. 나와 오오 마을 여행을 떠나 보자.

 글자에 어울리는 그림 스티커를 붙여 보세요.

* 오아시스: 사막에서 발견되는 물웅덩이

오이	오토바이	오아시스
오징어	오뚝이	오렌지
오리	오	오빠

 글자를 따라 써 보세요.

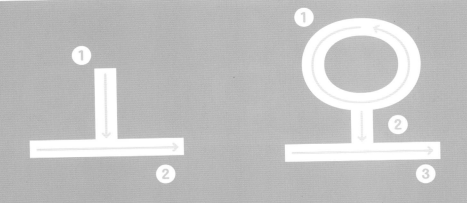

글자를 읽어 보세요.

오이	오	오리
오렌지	오징어	오빠
오뚝이	오토바이	오아시스

 글자를 따라 써 보세요.

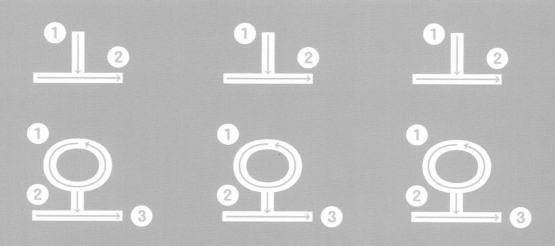

알맞게 선으로 연결해 보세요.

뚝이

오렌지

오

오리

오징어

 옆쪽을 참고하여 활동해 보세요.

그림에 어울리는 글자 스티커를 붙여 보세요.

'오'를 찾아서 'O' 표시를 해 보세요.

아	여	으	유	(오)
오	어	오	이	아
야	오	우	어	오
오	요	오	야	여

 그림과 어울리는 글자에 'O' 표시를 해 보세요.

오이	어뚝이
야이	오뚝이
여빠	오렌지
오빠	요렌지

46

틀린 글자에 'X' 표시를 한 뒤 바르게 고치고, 맞는 글자에는 'O' 표시를 해 보세요.

여이

오

여리

오렌지

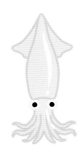

요징어

오빠

오뚝이

여토바이

요아시스

'또또'가 미로를 통과하여 집에 도착하게 해 주세요.

미로를 통과했으면 18쪽 스티커 모음판에 '또또' 스티커를 붙여 주세요.

안녕! 나는 요요 마을의
또또야. 나와 요요 마을
여행을 떠나 보자.

 글자에 어울리는 그림 스티커를 붙여 보세요.

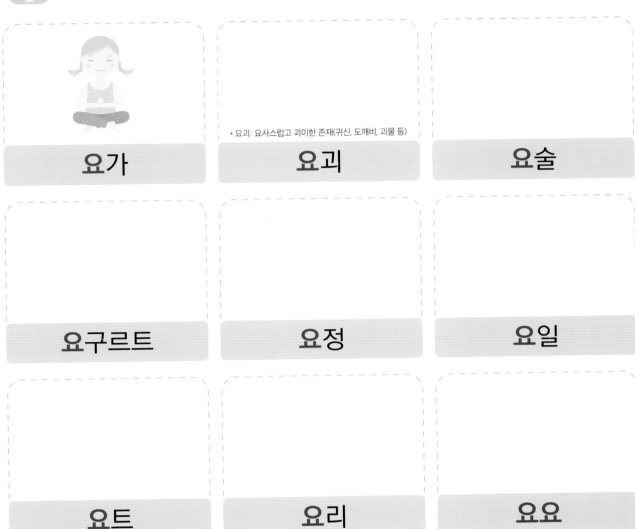

요가

• 요괴: 요사스럽고 괴이한 존재(귀신, 도깨비, 괴물 등)

요괴

요술

요구르트

요정

요일

요트

요리

요요

 글자를 따라 써 보세요.

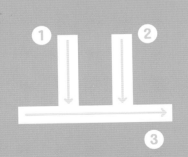

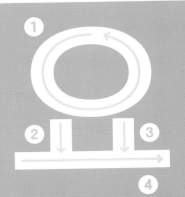

글자를 읽어 보세요.

요가	요정	요리
요요	요트	요괴
요일	요술	요구르트

 글자를 따라 써 보세요.

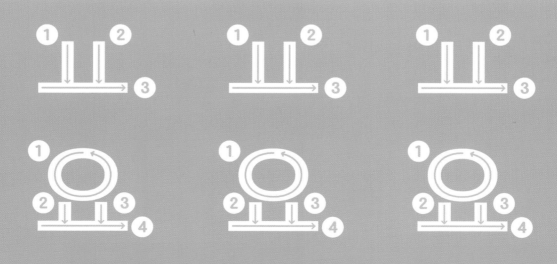

알맞게 선으로 연결해 보세요.

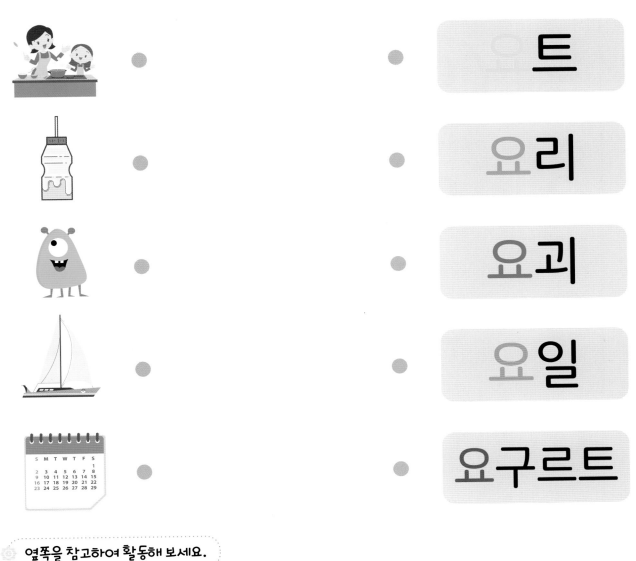

트

요리

요괴

요일

요구르트

 옆쪽을 참고하여 활동해 보세요.

그림에 어울리는 글자 스티커를 붙여 보세요.

'요'를 찾아서 'O' 표시를 해 보세요.

유	요	아	유	요
요	으	요	야	이
유	어	야	아	요
으	요	어	요	우

 그림과 어울리는 글자에 'O' 표시를 해 보세요.

요괴
어괴

여리
요리

요가
오가

우술
요술

틀린 글자에 'X' 표시를 한 뒤 바르게 고치고, 맞는 글자에는 'O' 표시를 해 보세요.

오가

오정

요리

요요

우트

요괴

오일

요술

오구르트

'또또'가 미로를 통과하여 '뚀뚀'를 만나게 해 주세요.

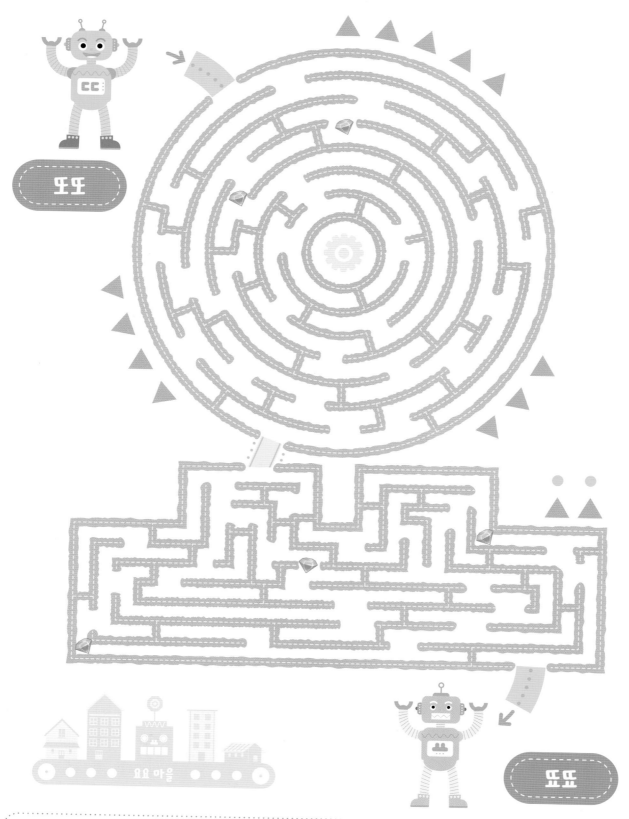

또또

뚀뚀

요요 마을

⚙ 미로를 통과했으면 18쪽 스티커 모음판에 '뚀뚀' 스티커를 붙여 주세요.

54

안녕! 나는 우우 마을의 뚜뚜 야. 나와 우우 마을 여행을 떠나 보자.

 글자에 어울리는 그림 스티커를 붙여 보세요.

우유	우박	우비
우산	우동	우리
우표	우주선	우물

 글자를 따라 써 보세요.

글자를 읽어 보세요.

우유

우산

우표

우동

우리

우물

우비

우박

우주선

 글자를 따라 써 보세요.

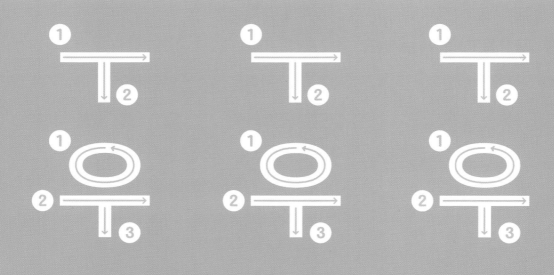

알맞게 선으로 연결해 보세요.

우 주선

우유

우물

우동

우산

옆쪽을 참고하여 활동해 보세요.

 그림에 어울리는 글자 스티커를 붙여 보세요.

'우'를 찾아서 'O' 표시를 해 보세요.

(우)	야	우	어	아
유	우	이	우	여
우	아	아	요	어
이	우	야	우	오

 그림과 어울리는 글자에 'O' 표시를 해 보세요.

여물
우물

우비
오비

우박
요박

유표
우표

유유

요산

우표

유동

우리

우물

요비

우박

유주선

'또또'가 미로를 통과하여 '뚜뚜'를 만나게 해 주세요.

또또

뚜뚜

미로를 통과했으면 18쪽 스티커 모음판에 '뚜뚜' 스티커를 붙여 주세요.

8 유유 마을

 글자에 어울리는 그림 스티커를 붙여 보세요.

유치원	유리	유연

* 유인원: 고릴라, 침팬지, 오랑우탄 등 꼬리가 없는 원숭이류

유인원	유모차	유도

* 유성: 별똥별

유산균	유령	유성

 글자를 따라 써 보세요.

61

글자를 읽어 보세요.

유치원

유모차

유산균

유성

유도

유령

유연

유인원

유리

 글자를 따라 써 보세요.

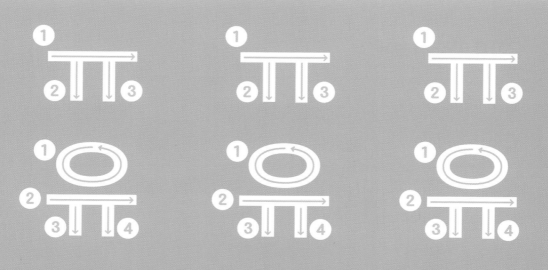

알맞게 선으로 연결해 보세요.

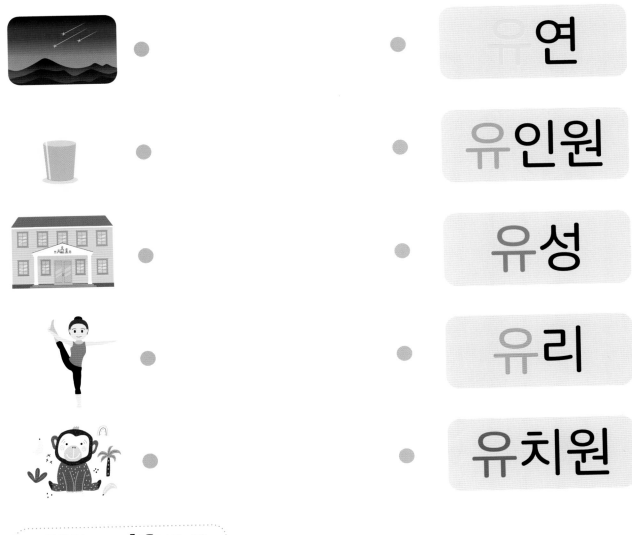

유연

유인원

유성

유리

유치원

 옆쪽을 참고하여 활동해 보세요.

그림에 어울리는 글자 스티커를 붙여 보세요.

'유'를 찾아서 'O' 표시를 해 보세요.

오	여	유	아	야
여	유	으	유	어
유	이	유	어	아
요	유	우	유	야

 그림과 어울리는 글자에 'O' 표시를 해 보세요.

유성
오성

요모차
유모차

우연
유연

유인원
으인원

틀린 글자에 'X' 표시를 한 뒤 바르게 고치고, 맞는 글자에는 'O' 표시를 해 보세요.

우치원

유모차

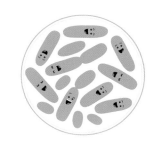

으산균

유성

으도

우령

유연

유인원

우리

'또또'가 미로를 통과하여 '뚜뚜'를 만나게 해 주세요.

또또

뚜뚜

⚙ 미로를 통과했으면 18쪽 스티커 모음판에 '뚜뚜' 스티커를 붙여 주세요.

9 으으 마을

안녕! 나는 으으 마을의 뜨뜨야. 나와 으으 마을 여행을 떠나 보자.

 글자에 어울리는 그림 스티커를 붙여 보세요.

으앙	으라차차	으하하
으르렁	으깨다	으스스
• 으뜸: 가장 뛰어난 것, 첫째가는 것 으뜸	으슬으슬	으악

 글자를 따라 써 보세요.

글자를 읽어 보세요.

으앙	으르렁	으스스
으뜸	으악	으라차차
으슬으슬	으하하	으깨다

 글자를 따라 써 보세요.

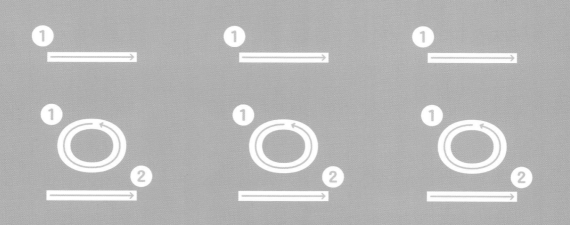

알맞게 선으로 연결해 보세요.

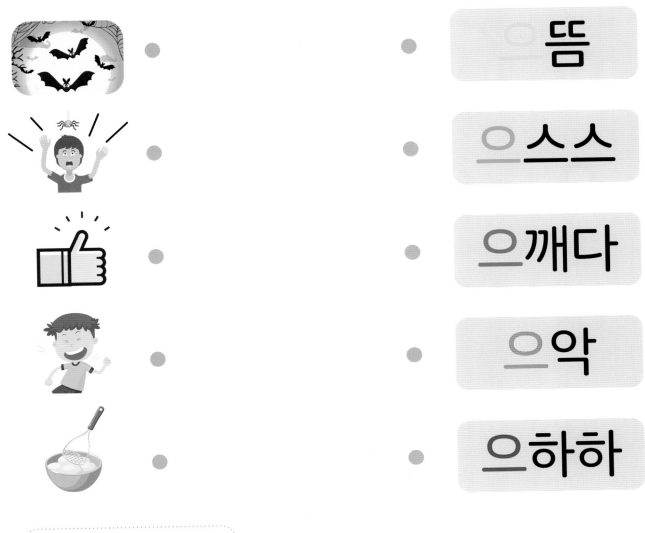

옆쪽을 참고하여 활동해 보세요.

 그림에 어울리는 글자 스티커를 붙여 보세요.

'으'를 찾아서 'O' 표시를 해 보세요.

아	으	야	으	어
으	요	여	야	으
여	어	으	오	오
요	으	이	아	으

 그림과 어울리는 글자에 'O' 표시를 해 보세요.

요슬요슬

으슬으슬

유하하

으하하

으뜸

우뜸

으악

이악

틀린 글자에 'X' 표시를 한 뒤 바르게 고치고, 맞는 글자에는 'O' 표시를 해 보세요.

유앙

으르렁

유스스

으뜸

우악

으라차차

유슬유슬

으하하

이깨다

‘또또’가 미로를 통과하여 ‘뜨뜨’를 만나게 해 주세요.

또또

뜨뜨

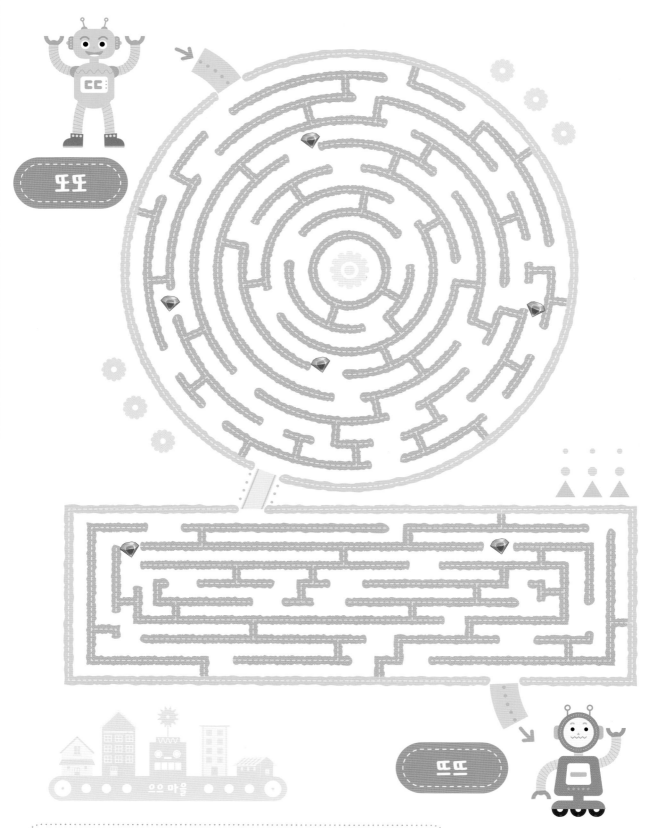

⚙ 미로를 통과했으면 18쪽 스티커 모음판에 '뜨뜨' 스티커를 붙여 주세요.

⑩ 이이 마을

 글자에 어울리는 그림 스티커를 붙여 보세요.

이	이야기	이모
이십	이마	이끼
이사	이불	이름

• 이끼: 축축한 곳에서 자라는 작고 부드러운 식물

 글자를 따라 써 보세요.

73

글자를 읽어 보세요.

이

이름

이불

이사

이십

이마

이끼

이모

이야기

 글자를 따라 써 보세요.

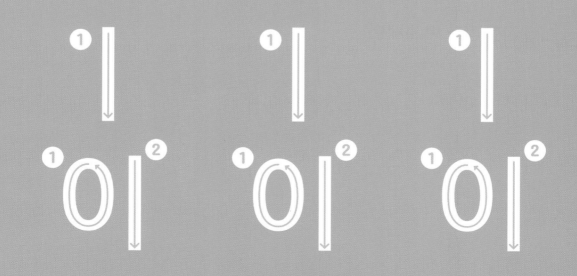

알맞게 선으로 연결해 보세요.

 이끼

 이름

 이야기

 이불

 이마

옆쪽을 참고하여 활동해 보세요.

 그림에 어울리는 글자 스티커를 붙여 보세요.

'이'를 찾아서 'O' 표시를 해 보세요.

이	으	오	이	요
아	야	이	우	유
이	요	이	야	오
어	이	여	이	우

 그림과 어울리는 글자에 'O' 표시를 해 보세요.

우마
이마

이십
요십

이름
유름

으끼
이끼

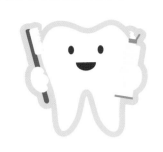

아

이름

야불

이마

이십

어사

오야기

이모

여끼

'또또'가 미로를 통과하여 '띠띠'를 만나게 해 주세요.

⚙ 미로를 통과했으면 18쪽 스티커 모음판에 '띠띠' 스티커를 붙여 주세요.

쉬어가기

⚙️ 모음 순서대로 점을 선으로 연결해 보세요.

ㅏ → ㅑ → ㅓ → ㅕ → ㅗ → ㅛ → ㅜ → ㅠ → ㅏ

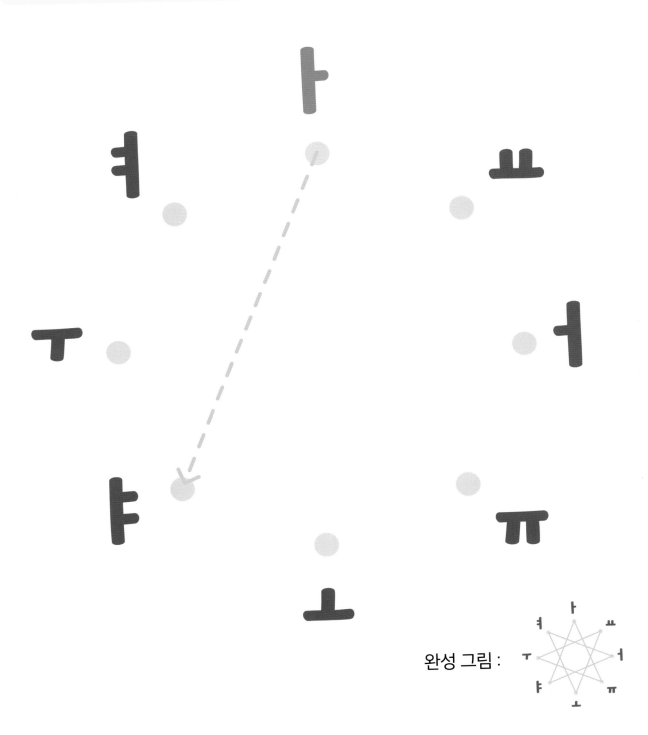

완성 그림:

또또가 어떤 모음을 표현했는지 맞혀 보세요.

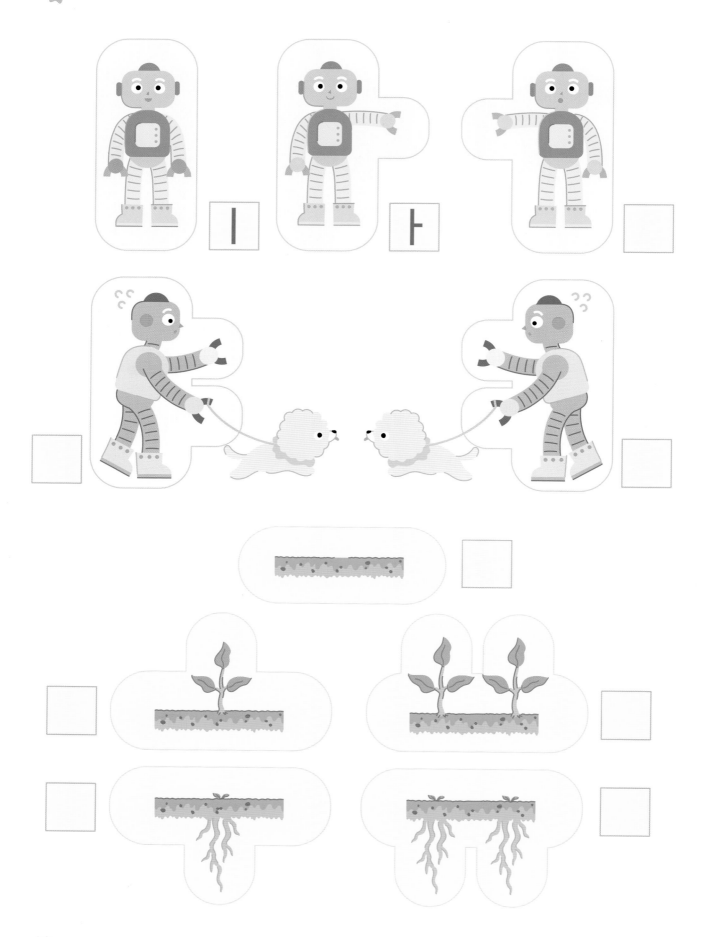

모음을 따라 써 보세요.

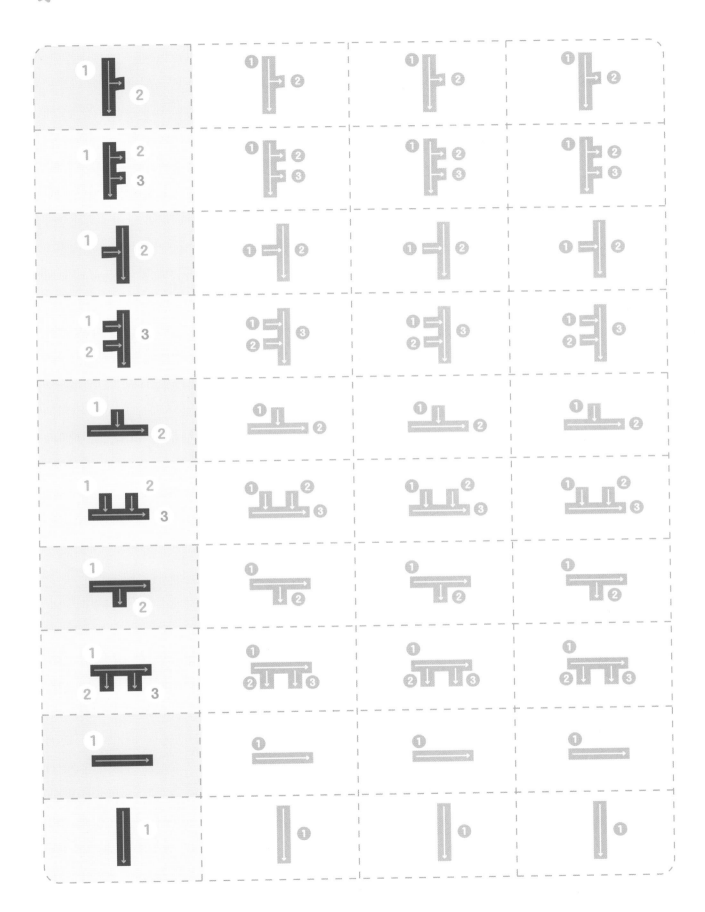

또또와 함께 '자음 마을'을
여행해 보아요!

Sing Sing

자음편

여러분만의 로봇을 상상해 보고 그림으로 표현해 보세요.

로봇 이름

⚙ 스티커 모음판 ⚙

학습을 마칠 때마다 캐릭터 스티커를 모아 보세요.

안녕? 친구들.
다시 만나서 반가워!
나는 '또또'라고 해.

나와 함께 자음 마을을
여행하며 즐겁게
글자를 익혀 보지 않을래?
그럼 이제 모두 출발~

11 달고나

12 루미브

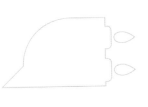

13 소우주

14 초코티

15 푸흐

⑪ 가나다 마을

 글자에 어울리는 그림 스티커를 붙여 보세요.

가방	거미	기린
나비	나무	너구리
다리	다람쥐	드럼

그림의 첫소리에 어울리는 자음을 찾아 'O' 표시를 해 보세요.

| ㄱ ㄴ ㄷ | ㄱ ㄴ ㄷ | ㄱ ㄴ ㄷ | ㄱ ㄴ ㄷ |

 기린, 노래, 다리미, 가지

86

그림의 첫소리에 어울리는 자음을 선으로 연결해 보세요.

ㄱ
[그]

ㄴ
[느]

ㄷ
[드]

 '기역', '니은', '디귿'을 따라 써 보세요.

87

표에서 보기의 낱말을 찾아 'O' 표시를 해 보세요.

가방   거미   너구리

나비   다람쥐   드럼

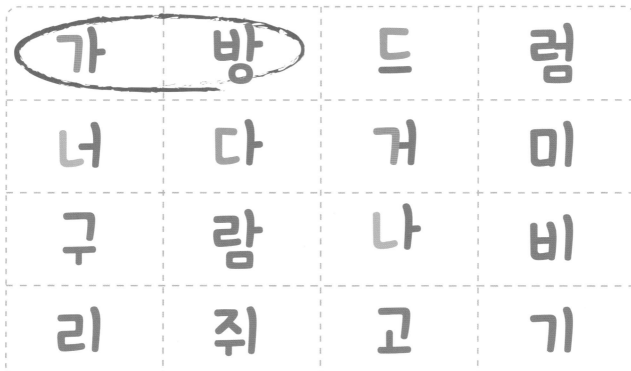

가	방	드	럼
너	다	거	미
구	람	나	비
리	쥐	고	기

 그림에 어울리는 글자 스티커를 붙여 보세요.

빈칸에 알맞은 자음을 보기에서 찾아 써 보세요.

ㄴ나무

＿럼

ㅓ구리

ㅓ미

ㅏ람쥐

ㅏ방

ㅏ리

ㅏ비

ㅣ린

그림과 어울리는 글자에 'O' 표시를 해 보세요.

가방
나방

나무
고무

고비
나비

너구리
고구려

햄스터
다람쥐

기린
시린

거미
더미

다리
오리

스럼
드럼

 글자를 따라 써 보세요.

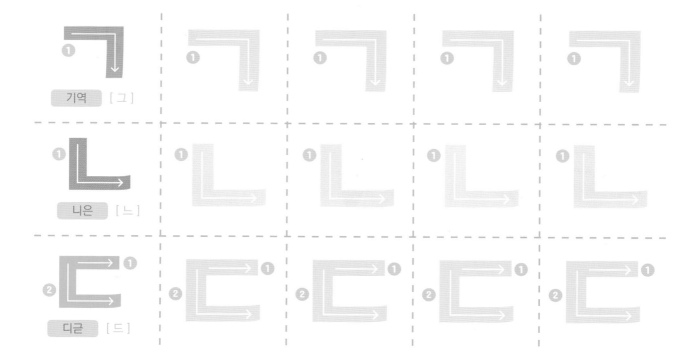

기역 [그]

니은 [느]

디귿 [드]

어울리는 낱말끼리 선으로 연결하고 글자를 따라 써 보세요.

ㄱ + ㅏ
[그]

ㄱ + ㅣ
[그]

ㄴ + ㅏ
[느]

ㄴ + ㅓ
[느]

ㄷ + ㅏ
[드]

ㄷ + ㅡ
[드]

나비

너구리

기린

다람쥐

가지

드럼

빈칸에 알맞은 글자를 보기에서 찾아 써 보세요.

보기

가 거 기 나 냐 너 다 댜 드

가방

린

미

구리

무

비

럼

람쥐

리

'또또'가 미로를 통과하여 '달고나'를 만나게 해 주세요.

미로를 통과했으면 85쪽 스티커 모음판에 '달고나' 스티커를 붙여 주세요.

⑫ 라마바 마을

안녕! 나는 라마바 마을의 루미브야. 나와 라마바 마을 여행을 떠나 보자.

 글자에 어울리는 그림 스티커를 붙여 보세요.

라마	로봇	루비
바나나	보트	부채
마차	모기	무지개

그림의 첫소리에 어울리는 자음을 찾아 'O' 표시를 해 보세요.

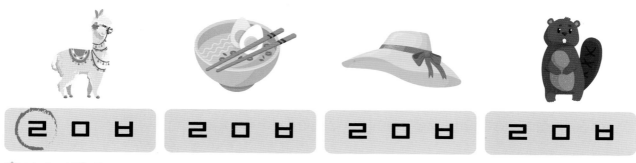

ㄹ ㅁ ㅂ　ㄹ ㅁ ㅂ　ㄹ ㅁ ㅂ　ㄹ ㅁ ㅂ

⚙ 라마, 라면, 모자, 비버

94

그림의 첫소리에 어울리는 자음을 선으로 연결해 보세요.

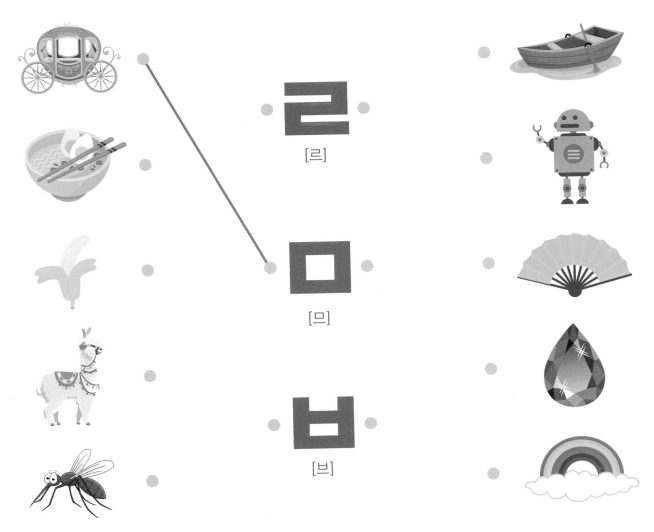

ㄹ
[르]

ㅁ
[므]

ㅂ
[브]

 '리을', '미음', '비읍'을 따라 써 보세요.

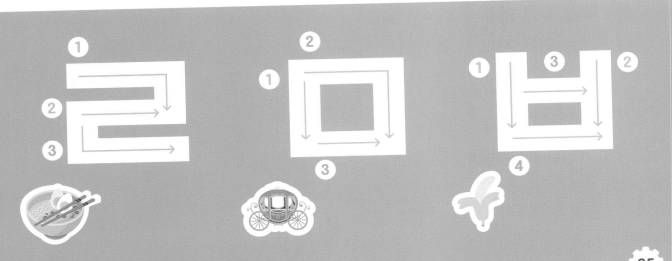

표에서 보기의 낱말을 찾아 'O' 표시를 해 보세요.

보기		
라마	로봇	마차
모기	바나나	부채

라	마	모	로
부	채	기	봇
바	나	나	비
루	마	차	라

 그림에 어울리는 글자 스티커를 붙여 보세요.

빈칸에 알맞은 자음을 보기에서 찾아 써 보세요.

보기   ㄹ   ㅁ   ㅂ

부채

ㅜ지개

ㅜ비

ㅏ마

ㅏ나나

ㅗ기

ㅗ트

ㅗ봇

ㅏ차

그림과 어울리는 글자에 'O' 표시를 해 보세요.

라마
비바

바나나
마나나

부차
마차

모기
보기

서채
부채

구비
루비

그봇
로봇

무지개
기지개

리버
비버

 글자를 따라 써 보세요.

 리을 [르]

 미음 [므]

 비읍 [브]

어울리는 낱말끼리 선으로 연결하고 글자를 따라 써 보세요.

ㄹ + ㅏ
[르]

ㄹ + ㅗ
[르]

ㅁ + ㅗ
[므]

ㅁ + ㅜ
[므]

ㅂ + ㅏ
[브]

ㅂ + ㅣ
[브]

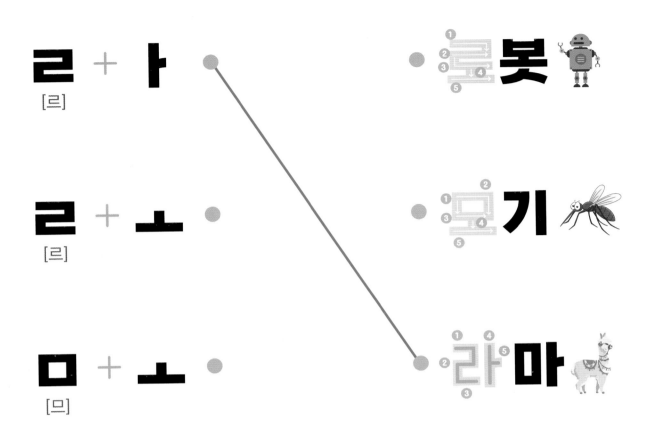

로봇

모기

라마

비버

무지개

바나나

빈칸에 알맞은 글자를 보기에서 찾아 써 보세요.

보기

라 루 로 모 마 무 부 비 바

 라마

 ⬜봇

 ⬜비

 ⬜차

 ⬜기

 ⬜지개

 ⬜나나

 ⬜채

 ⬜버

'또또'가 미로를 통과하여 '루미브'를 만나게 해 주세요.

또또

루미브

미로를 통과했으면 85쪽 스티커 모음판에 '루미브' 스티커를 붙여 주세요.

13 사아자 마을

안녕! 나는 사아자 마을의
소우주야. 나와 사아자 마을
여행을 떠나 보자.

 글자에 어울리는 그림 스티커를 붙여 보세요.

사자	수박	슈퍼맨
우유	요요	야채
지도	주사기	조개

 그림의 첫소리에 어울리는 자음을 찾아 'O' 표시를 해 보세요.

ㅅ ㅇ ㅈ   ㅅ ㅇ ㅈ   ㅅ ㅇ ㅈ   ㅅ ㅇ ㅈ

사자, 쇼핑, 오이, 자전거

그림의 첫소리에 어울리는 자음을 선으로 연결해 보세요.

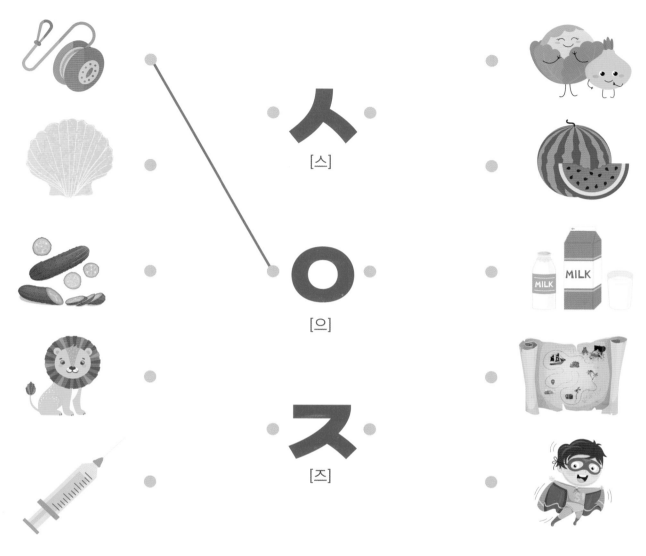

 '시옷', '이응', '지읒'을 따라 써 보세요.

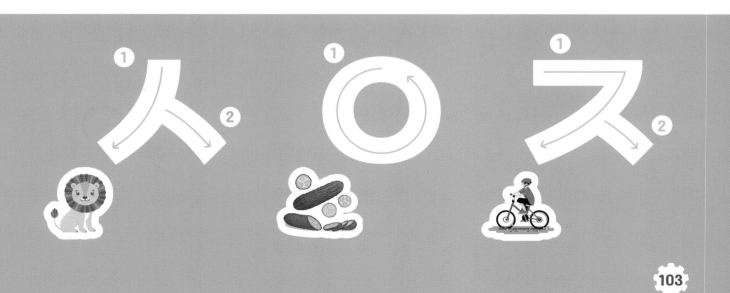

표에서 보기의 낱말을 찾아 'O' 표시를 해 보세요.

보기					
	사자		수박		우유
	오이		주사기		지도

사	자	우	유
수	지	오	후
박	도	이	유
자	주	사	기

 그림에 어울리는 글자 스티커를 붙여 보세요.

빈칸에 알맞은 자음을 보기에서 찾아 써 보세요.

보기   ᄌ

ㅅ ㅏ 자

ㅗ 개

ㅛ 요

ㅣ 도

ㅠ 퍼맨

ㅏ 전거

ㅜ 박

ㅜ 사기

ㅗ 이

105

그림과 어울리는 글자에 'O' 표시를 해 보세요.

 사자  기체  지도

기자 야채 우도

 조개 수박 수요

기계 우박 요요

 자전거 주사기 오이

슈퍼맨 수사기 조이

 글자를 따라 써 보세요.

시옷 [스]

이응 [으]

지읒 [즈]

어울리는 낱말끼리 선으로 연결하고 글자를 따라 써 보세요.

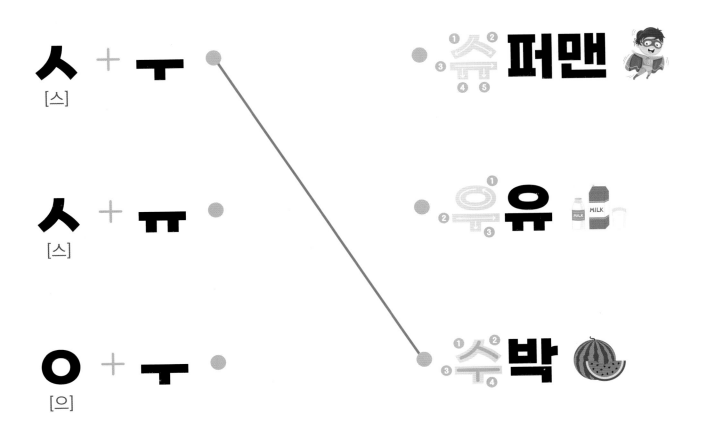

ㅅ + ㅜ
[스]

ㅅ + ㅠ
[스]

ㅇ + ㅜ
[으]

ㅇ + ㅛ
[으]

ㅈ + ㅜ
[즈]

ㅈ + ㅏ
[즈]

슈퍼맨

유유

수박

자전거

요

주사기

빈칸에 알맞은 글자를 보기에서 찾아 써 보세요.

보기

수 사 슈 우 요 야 지 죠 자

수박

퍼맨

자

채

유

요

개

전거

도

'또또'가 미로를 통과하여 '소우주'를 만나게 해 주세요.

또또

소우주

⚙ 미로를 통과했으면 85쪽 스티커 모음판에 '소우주' 스티커를 붙여 주세요.

안녕! 나는 차카타 마을의 초코리야. 나와 차카타 마을 여행을 떠나 보자.

 글자에 어울리는 그림 스티커를 붙여 보세요.

초코	치킨	치즈
코끼리	쿠키	큐브
타조	토끼	튜브

그림의 첫소리에 어울리는 자음을 찾아 'O' 표시를 해 보세요.

| ㅊ ㅋ ㅌ | ㅊ ㅋ ㅌ | ㅊ ㅋ ㅌ | ㅊ ㅋ ㅌ |

초코, 키위, 초, 토마토

그림의 첫소리에 어울리는 자음을 선으로 연결해 보세요.

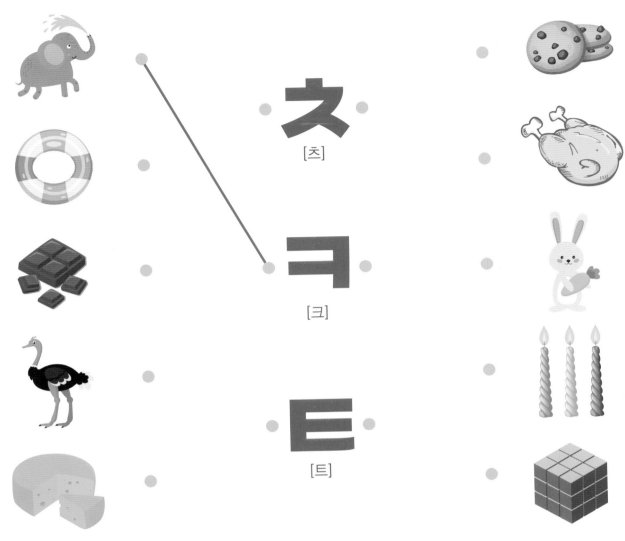

ㅊ
[츠]

ㅋ
[크]

ㅌ
[트]

 '치읓', '키읔', '티읕'을 따라 써 보세요.

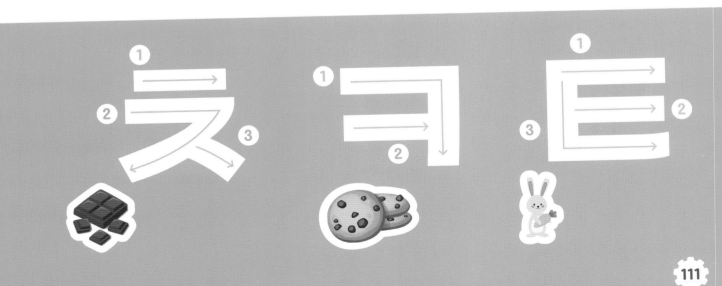

표에서 보기의 낱말을 찾아 'O' 표시를 해 보세요.

보기					
	초코		치즈		코끼리
	키위		튜브		토끼

초	코	토	끼
코	치	즈	카
끼	튜	브	키
리	바	로	위

 그림에 어울리는 글자 스티커를 붙여 보세요.

빈칸에 알맞은 자음을 보기에서 찾아 써 보세요.

ㅊ ㅋ ㅌ

쿠 키

ㅗ 끼

ㅗ 끼리

ㅣ 킨

ㅠ 브

ㅣ 즈

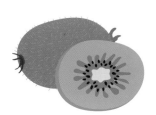

ㅣ 위

ㅏ 조

ㅗ 코

그림과 어울리는 글자에 'O' 표시를 해 보세요.

 초코 / 코코

 코끼리 / 조끼리

 고조 / 타조

 시위 / 키위

 도기 / 토끼

 치즈 / 시소

 치킨 / 지킨

 차키 / 쿠키

 튜브 / 주브

 글자를 따라 써 보세요.

 치읓 [츠]

 키읔 [크]

 티읕 [트]

114

어울리는 낱말끼리 선으로 연결하고 글자를 따라 써 보세요.

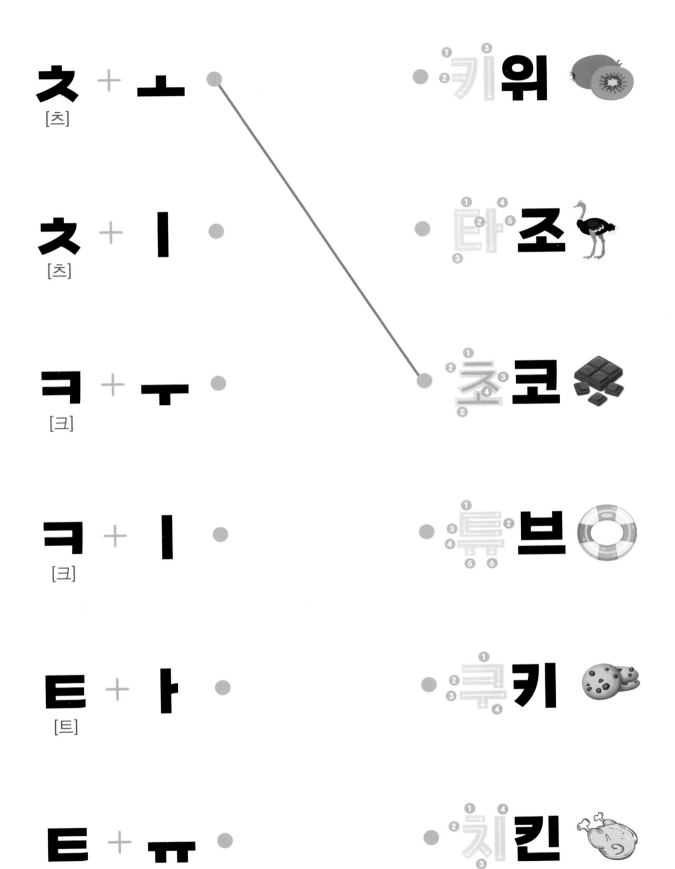

ㅊ + ㅗ
[츠]

ㅊ + ㅣ
[츠]

ㅋ + ㅜ
[크]

ㅋ + ㅣ
[크]

ㅌ + ㅏ
[트]

ㅌ + ㅠ
[트]

키위

타조

초코

튜브

쿠키

치킨

빈칸에 알맞은 글자를 보기에서 찾아 써 보세요.

 치 치 코 쿠 키 토 튜 타

초코

　즈

　킨

　키

　끼리

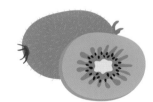

　위

　조

　끼

　브

'또또'가 미로를 통과하여 '초코티'를 만나게 해 주세요.

미로를 통과했으면 85쪽 스티커 모음판에 '초코티' 스티커를 붙여 주세요.

15 파하하 마을

안녕! 나는 파하하 마을의 푸흐야. 나와 파하하 마을 여행을 떠나 보자.

 글자에 어울리는 그림 스티커를 붙여 보세요.

파	파리	포도
피자	하마	하트
호랑이	호수	휴지

 그림의 첫소리에 어울리는 자음을 찾아 'O' 표시를 해 보세요.

| ㅍ (ㅎ) | ㅍ ㅎ | ㅍ ㅎ | ㅍ ㅎ |

 파, 파도, 퍼즐, 하늘

그림의 첫소리에 어울리는 자음을 선으로 연결해 보세요.

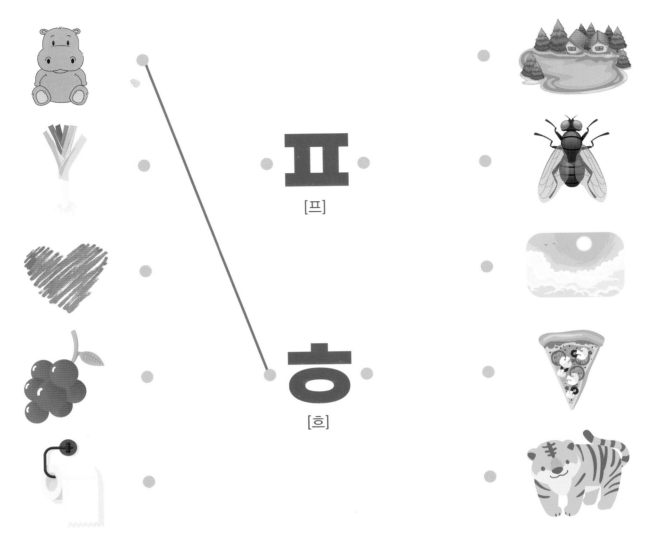

ㅍ
[프]

ㅎ
[흐]

 '피읖', '히읗'을 따라 써 보세요.

표에서 보기의 낱말을 찾아 'O' 표시를 해 보세요.

보기		
포도	피자	파도
호랑이	하마	하트

포	도	퓨	마
호	피	하	마
랑	자	주	파
이	하	트	도

 그림에 어울리는 글자 스티커를 붙여 보세요.

빈칸에 알맞은 자음을 보기에서 찾아 써 보세요.

ㅍ 도

ㅗ 랑이

ㅏ

ㅠ 지

ㅣ 자

ㅏ 마

ㅏ 도

ㅏ 트

ㅗ 수

121

그림과 어울리는 글자에 'O' 표시를 해 보세요.

 효도 / **파도**

 하마 / 퓨마

 기도 / 포도

 휴지 / 돼지

 퍼즐 / 버즐

 투수 / 호수

 비자 / 피자

 호랑이 / 가랑이

 하트 / 비트

 글자를 따라 써 보세요.

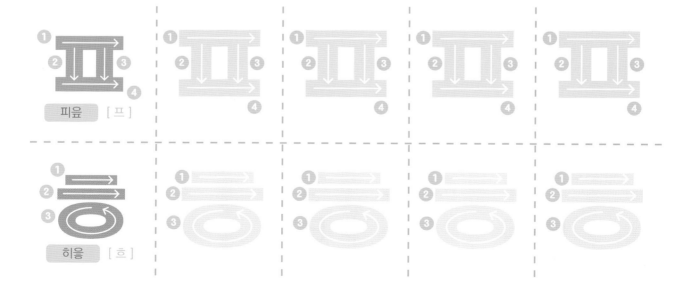

피읖 [프]

히읗 [흐]

어울리는 낱말끼리 선으로 연결하고 글자를 따라 써 보세요.

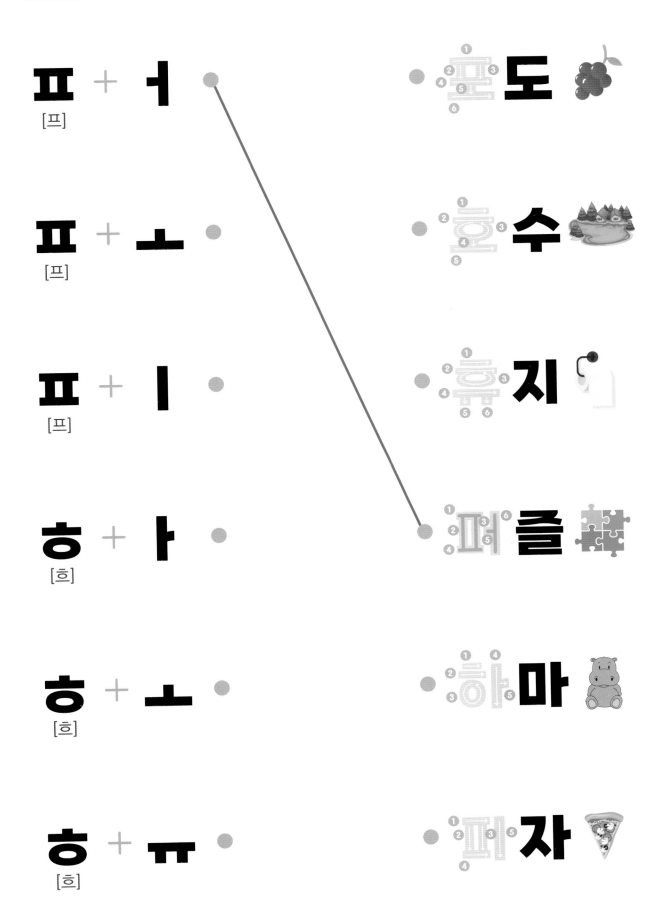

ㅍ + ㅓ
[프]

ㅍ + ㅗ
[프]

ㅍ + ㅣ
[프]

ㅎ + ㅏ
[흐]

ㅎ + ㅗ
[흐]

ㅎ + ㅠ
[흐]

포도

호수

휴지

퍼즐

하마

피자

빈칸에 알맞은 글자를 보기에서 찾아 써 보세요.

파

즐

도

자

마

수

지

랑이

늘

'또또'가 미로를 통과하여 '푸흐'를 만나게 해 주세요.

또또

푸흐

⚙ 미로를 통과했으면 85쪽 스티커 모음판에 '푸흐' 스티커를 붙여 주세요.

⚙ 과자놀이 ⚙

⚙ 'ㅁ' 글자를 사용하여 여러 가지 자음을 만들어 보세요.

⚙️ 가위바위보를 하며 'ㅎ'의 획을 하나씩 없애보세요.

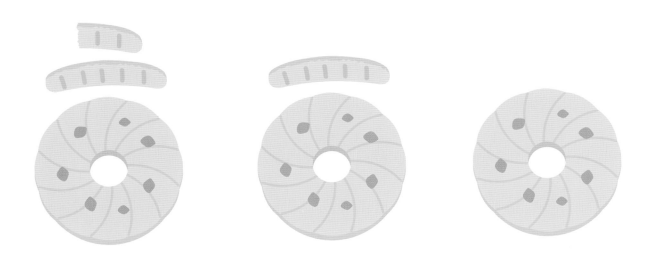

⚙️ 가위바위보를 하며 'ㅅ'부터 'ㅊ'까지 글자를 만들어 보세요.

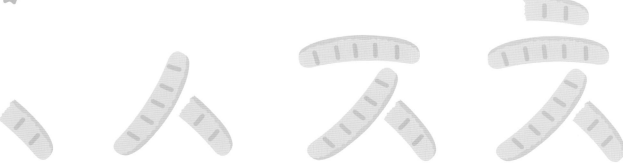

자음을 따라 써 보세요.

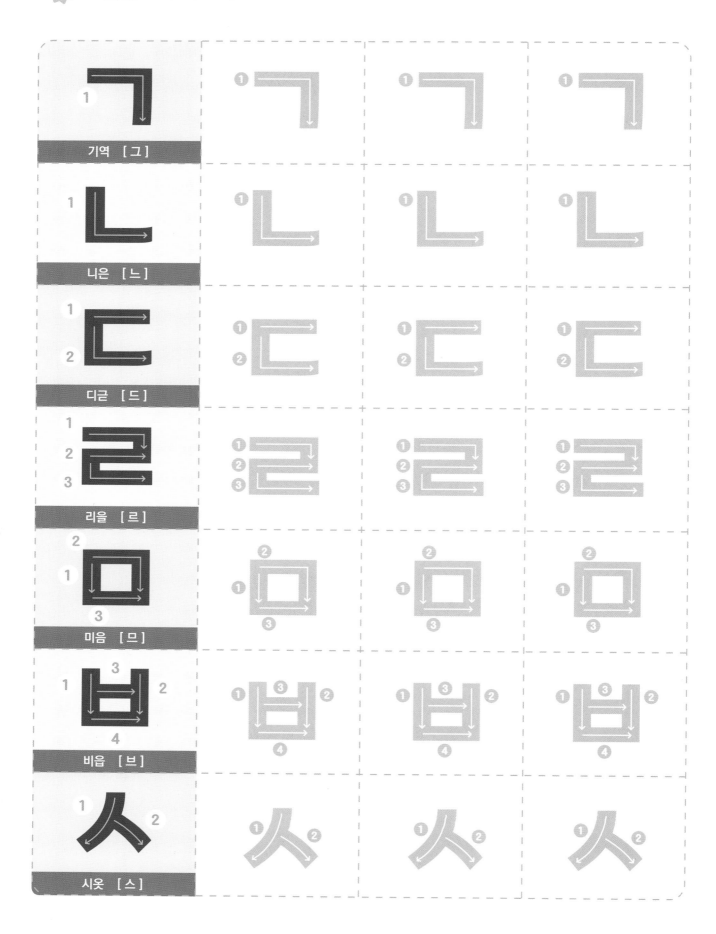

기역 [그]

니은 [느]

디귿 [드]

리을 [르]

미음 [므]

비읍 [브]

시옷 [스]

이응 [으]

지읒 [즈]

치읓 [츠]

키읔 [크]

티읕 [트]

피읖 [프]

히읗 [흐]

Sing Sing

단어 모음집

1. 아아 마을

따따

□ 아빠 □ 아기 □ 아침 □ 아홉

□ 아들 □ 아야 □ 아파트 □ 아이스크림 □ 아래

2. 야야 마을

따따

□ 야호 □ 야 □ 야구 □ 야자

□ 야채 □ 야옹 □ 야단 □ 야크 □ 야영

3. 어어 마을

따띠

□ 어머니 □ 어묵 □ 어항 □ 어른

□ 어린이 □ 어흥 □ 어부 □ 어깨 □ 어질어질

4. 여여 마을

떠여

- ☐ 여우
- ☐ 여름
- ☐ 여행
- ☐ 여섯
- ☐ 여왕
- ☐ 여드름
- ☐ 여치
- ☐ 여동생
- ☐ 여기

5. 오오 마을

뜨뜨

- ☐ 오이
- ☐ 오
- ☐ 오리
- ☐ 오렌지
- ☐ 오징어
- ☐ 오빠
- ☐ 오뚝이
- ☐ 오토바이
- ☐ 오아시스

6. 요요 마을

뜨뜨

- ☐ 요가
- ☐ 요정
- ☐ 요리
- ☐ 요요
- ☐ 요트
- ☐ 요괴
- ☐ 요일
- ☐ 요술
- ☐ 요구르트

7. 우우 마을

뜨뜨

□ 우유   □ 우산   □ 우표   □ 우동

□ 우리   □ 우물   □ 우비   □ 우박   □ 우주선

8. 유유 마을

뜨뜨

□ 유치원   □ 유모차   □ 유산균   □ 유성

□ 유도   □ 유령   □ 유연   □ 유인원   □ 유리

9. 으으 마을

뜨뜨

□ 으앙   □ 으르렁   □ 으스스   □ 으뜸

□ 으악   □ 으라차차   □ 으슬으슬   □ 으하하   □ 으깨다

10. 이이 마을

ㄸㅣㄸ

| □ 이 | □ 이름 | □ 이불 | □ 이마 |

| □ 이십 | □ 이사 | □ 이끼 | □ 이모 | □ 이야기 |

11. 가나다 마을

| □ 가방 | □ 거미 | □ 기린 | □ 가지 | □ 나무 | □ 너구리 |

| □ 나비 | □ 노래 | □ 다리 | □ 다람쥐 | □ 드럼 | □ 다리미 |

12. 라마바 마을

| □ 라마 | □ 로봇 | □ 루비 | □ 라면 | □ 마차 | □ 모기 |

| □ 무지개 | □ 모자 | □ 바나나 | □ 보트 | □ 부채 | □ 비버 |

13. 사아자 마을

□ 사자	□ 수박	□ 슈퍼맨	□ 쇼핑	□ 오이	□ 요요
□ 우유	□ 야채	□ 조개	□ 주사기	□ 지도	□ 자전거

14. 차카타 마을

□ 초코	□ 치즈	□ 치킨	□ 초	□ 코끼리	□ 쿠키
□ 큐브	□ 키위	□ 토끼	□ 튜브	□ 타조	□ 토마토

15. 파하하 마을

□ 파	□ 파리	□ 포도	□ 피자	□ 파도	□ 퍼즐
□ 호수	□ 하트	□ 휴지	□ 하마	□ 호랑이	□ 하늘

Sing Sing

스티커 모음집

아이스크림

아빠

아기

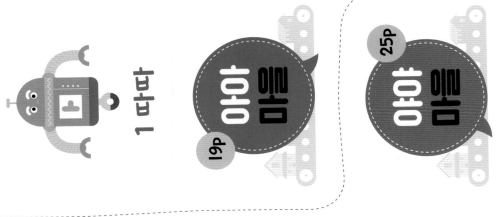

1 따따

2 따따

19P 아이 몸

25P 아이 몸

아효

야채

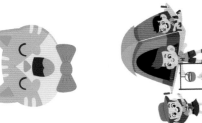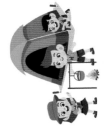

아효

야구

파우

어린이

여행

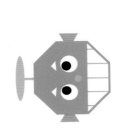

3 단계

31P 여름 마음

37P 여름 마음

4 단계

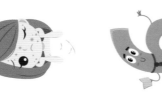

여아

여치

여동생

139

오아시스

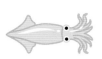   오이

     오빠

 5 표표

 어 음 43P

 영 음 49P

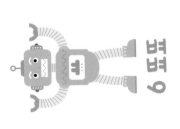 6 표표

    요여 · 요정

     요술

우리

우비

우박

7 뚜뚜

 55P

61P

8 뚜뚜

유모차

유산균

유도

으르렁차

으르렁

응응

응

9 똑똑

67P

73P

10 똑똑

이시

이

미음

기린

다리

나무

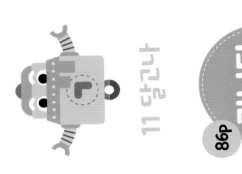

11 단원

86P
가나다
앞말

94P
라마바
앞말

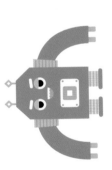

12 단원

라면

비비

무지개

요요

자전거

슈퍼맨

13 수영장

시아자 마을
102p

지카타 마을
110p

14 초콜릿

타조

쿠키

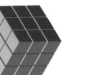

치킨

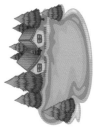
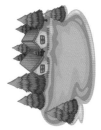

파리

휴지

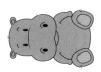

홍수

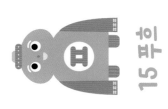

15 부흥

118P
받침
포닉스

노래와 함께 배우는
받침한글
포닉스

노래와 함께 배우는
받침한글
포닉스
sing sing

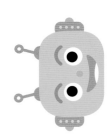
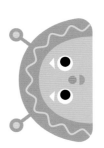
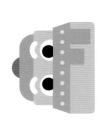

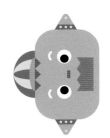

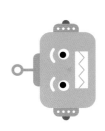
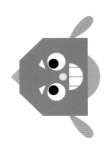
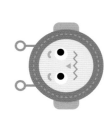